MÉMOIRE

SUR

UN INSECTE ET UN CHAMPIGNON

QUI RAVAGENT LES CAFIERS AUX ANTILLES.

IMPRIMERIE DE FAIN ET THUNOT,
Rue Racine, 28, près de l'Odéon.

MÉMOIRE

SUR

UN INSECTE

ET

UN CHAMPIGNON

QUI RAVAGENT LES CAFIERS AUX ANTILLES;

PAR MESSIEURS

GUÉRIN-MÉNEVILLE ET PERROTTET.

PARIS.

Mme Ve BOUCHARD-HUZARD, IMPRIMEUR-LIBRAIRE,

Rue de l'Éperon, 7.

1842.

MÉMOIRE

SUR

UN INSECTE ET UN CHAMPIGNON

QUI RAVAGENT LES CAFIERS AUX ANTILLES.

Aucune des connaissances embrassées par l'esprit humain n'est étrangère à l'agriculture, la première de toutes les sciences, celle qui a réuni les hommes en société, et l'on pourrait dire, sans exagération, qu'un agriculteur doit les connaître toutes.

Cependant, comme la vie d'un seul homme ne serait pas assez longue pour une pareille étude, il a fallu que plusieurs se réunissent afin de former un ensemble susceptible de posséder, à un degré éminent, toutes les connaissances que la science agricole embrasse : de là l'institution des sociétés d'agriculture et des sections d'économie rurale des académies savantes, composées d'hommes spéciaux, connaissant chacun complétement une ou plusieurs des sciences qui concourent à former un véritable agriculteur.

De là aussi la réunion des deux auteurs de ce travail, dont les spécialités diverses pourront peut-être concourir à éclairer une question très-importante pour nos colonies.

L'Entomologie, science hérissée de difficultés, que les personnes peu éclairées considèrent comme une étude inutile, est souvent appelée à rendre des services à l'agriculture. On sait qu'une foule d'insectes, sous leurs états de larve, de nymphe ou d'insecte parfait, causent de grands dommages à nos forêts et à nos cultures, nuisent à la santé de nos bestiaux, détruisent nos provisions ou détériorent les matériaux employés à la construction de nos demeures.

Combien de fois les agriculteurs praticiens ne se sont-ils pas plaints de ces ravages! combien de fois n'ont-ils pas consulté des entomologistes pour savoir le nom et l'histoire naturelle d'un ennemi qu'ils ne pouvaient combattre sans connaître d'abord ses habitudes et l'époque de sa vie à laquelle il est plus facile de l'attaquer avec quelque chance de succès! Souvent ils se sont plaints en vain, et la nature a été plus puissante que l'homme. Mais souvent aussi la science a combattu victorieusement, et elle pourra encore le faire plus efficacement, car elle tend tous les jours à acquérir plus de lumières, elle connaît mieux l'organisation des êtres, les principales conditions de leur existence, et elle peut mieux indiquer celles de ces conditions dans lesquelles il est le plus facile de détruire les races qui nous sont nuisibles ou d'atténuer leurs ravages.

C'est surtout depuis l'introduction de la méthode naturelle dans la classification des insectes, que les entomologistes sont plus aptes à rendre des services réels à l'agriculture. En effet, dans l'état actuel de la science, la place donnée à un insecte, dans une classification naturelle, doit résumer les points les plus saillants de son organisation et de ses mœurs. Un entomologiste au courant de la science doit pouvoir indiquer, au moins d'une manière générale, les habitudes d'un insecte, son genre de nourriture et la manière dont il se métamorphose, dès qu'il a reconnu la famille et le genre auxquels il appartient. L'entomologie, telle que nous l'envisageons, n'est plus simplement une science de noms, de systèmes plus ou moins ingénieux; elle cherche à acquérir la connaissance complète de tous les animaux articulés sous leurs divers états. Le but définitif de cette connaissance, de ces études minutieuses et difficiles, se rapporte au bien-être de l'homme, en lui donnant, d'une manière plus ou moins certaine, le moyen de se débarrasser des espèces qui lui nuisent, ou de s'approprier les produits de celles qui peuvent lui être utiles. Il est certain qu'un entomologiste, quelque savant qu'il soit, consulté pour indiquer le meilleur moyen de combattre la propagation de certaines espèces, ne peut immédiatement donner ce moyen d'une manière absolue, et il montrerait un charlatanisme impardonnable s'il soutenait qu'un tel résultat est possible. Son concours est indispensable pour éclairer l'agriculteur praticien dans les tentatives qu'il fera afin de combattre ces races; il doit le guider dans ses essais, en lui faisant connaître les diverses phases de la vie des insectes, et par conséquent le moment où il serait le plus facile de les atteindre; enfin, sa science doit empêcher l'agriculteur d'attribuer les dégâts dont il se plaint, à des espèces inoffensives, et de perdre un temps précieux en cherchant à les détruire, pendant qu'il laisse le vrai coupable en paix. Ainsi, par exemple, si l'on montre à un entomologiste un *Carabe* accusé de détruire des végétaux en mangeant leurs feuilles, il pourra déclarer que l'on s'est trompé, car la méthode naturelle lui fait savoir que les Carabes appartiennent à un groupe d'insectes carnassiers, organisés pour se nourrir de proie vivante ou de débris d'animaux, ayant une bouche formée de mandibules et de mâchoires destinées à les déchirer, et un canal intestinal court, propre seulement à la digestion des matières animales. Il pourra conclure que l'observation a été mal faite, comme cela est arrivé à l'un de nous au sujet d'une note qui lui a été soumise dernièrement et dont voici l'analyse.

Un homme digne de foi nous a écrit que dans le Luxembourg, surtout près des grandes forêts, les champs de blés étaient dévastés par un insecte qui coupait la tige près de l'épi, et faisait tomber celui-ci à terre. La personne qui annonçait ce fait, avait rapporté un des insectes accusés de ces dégâts, insectes qui étaient très-nombreux, disait-on, dans les champs attaqués. Les cultivateurs qui le lui avaient remis, disaient que cet animal montait à la tige du blé, près du sommet, et qu'il la rongeait à cet endroit afin de faire tomber l'épi, descendant ensuite pour aller manger à son aise le grain mis ainsi à sa portée. Lorsqu'on nous a fait connaître le nom scientifique de l'insecte accusé de ces déprédations, nous nous sommes refusé à l'insertion, dans la Revue Zoologique, de la note qui nous avait été adressée à cet effet, car cet insecte ne peut être l'auteur des ravages dont on se plaint, et il est certain que l'observation a été mal faite et que les cultivateurs ont été trompés par l'apparence. En effet, ce prétendu coupeur d'épis est le PRIONE CORROYEUR (*Prionus coriarius*, Linné) gros coléoptère longicorne à démarche lourde, incapable de grimper au chaume du blé et de le couper, et n'en ayant aucunement besoin, ni pour sa nourriture, ni pour déposer ses œufs.

La larve de ce capricorne vit dans le tronc des chênes, comme celle du cerf-volant, et elle se métamorphose en terre ou dans le terreau des parties cariées de cet arbre. L'insecte parfait ne vit que peu de temps, et seulement pour se livrer à l'acte de la reproduction, et dans cet état sa nourriture consiste en sucs végétaux qui suintent du tronc des arbres. Sa bouche est même tellement conformée, qu'il ne pourrait couper le moindre brin d'herbe ; il ne peut que pincer les endroits d'où il soupçonne que la séve pourra suinter, afin de la lécher avec ses mandibules et sa lèvre inférieure, garnies de brosses et inhabiles à la mastication. Il est donc probable que les épis de blé des campagnes du Luxembourg sont coupés par un animal que sa petitesse a dérobé à la vue des cultivateurs, et que l'inoffensif Prione, s'étant trouvé sur les lieux, a été accusé injustement.

Cette même méthode naturelle fait savoir à un entomologiste que les insectes ont toujours un ou plusieurs parasites, et il doit conseiller de protéger la multiplication de ceux-ci, afin qu'ils deviennent assez nombreux pour empêcher la trop grande propagation des espèces qui nous nuisent. Enfin la connaissance que nous avons des mœurs des insectes nous apprend à distinguer ceux qui font leur nourriture de certaines races, et peut nous conduire à des applications utiles. C'est cette idée théorique qui a fait émettre à l'un de nous le vœu que l'on fît quelques expériences pour propager en Normandie, sur les pommiers attaqués par le Puceron lanigère, les Hémérobes et les Coccinelles, dont les larves se nourrissent exclusivement de Pucerons. On sait que la larve de l'Hémérobe a même reçu des naturalistes le nom de *Lion des pucerons*, à cause de la grande destruction qu'elle en fait. Pourquoi n'essayerait-on pas d'opposer la nature à la nature? pourquoi ne chercherait-on pas à porter sur les arbres infestés de Pucerons des Hémérobes et des Coccinelles qui, venant à y pondre leurs œufs, prépareraient, pour l'année suivante, des ennemis puissants à ces insectes.

Il nous semble inutile de nous arrêter plus longtemps sur ces raisonnements, qui étaient nécessaires pour faire sentir l'importance et la valeur des études entomologiques appliquées à l'agriculture : nous arrivons donc à l'exposition de l'objet principal de ce mémoire.

L'un de nous, pendant une mission aux Antilles, où il avait été envoyé par le ministre de la marine pour propager l'industrie sérigène et répandre dans ces colonies les procédés qui s'y rattachent, fut frappé du triste aspect que présentaient les plantations de cafiers. Consulté par les habitants sur les moyens que l'on pourrait employer pour conserver ces précieux arbrisseaux, il se livra à des recherches nombreuses afin de connaître la cause de leur maladie. Tous les cafiers étaient faibles et languissants ; ils ne portaient que des fruits petits et rabougris ; leurs feuilles étaient tachées ou noircies, en partie desséchées et tout à fait impropres à puiser dans l'atmosphère les éléments nécessaires à la végétation, ce qui rendait ces arbrisseaux languissants, et avait même causé déjà la mort de beaucoup d'entre eux.

On ne savait d'où provenait cette maladie, que l'on appelle *rouille* dans le pays, et elle était attribuée à des coups de soleil. Dans l'ignorance où l'on était de ses causes véritables, l'on ne cherchait aucun remède pour la combattre. Il fallait donc, avant tout, reconnaître ces causes, découvrir la source du mal : c'est ce qu'a fait l'un de nous sur les lieux mêmes.

Toutes les feuilles sont attaquées et rongées par des vers très-petits, logés entre les deux épidermes, et qui mangent leur parenchyme intérieur. Ces vers, qui sont les chenilles d'un très-petit papillon nocturne, sont à peine longs de quatre millimètres et demi à cinq millimètres, assez minces, aplatis, d'un blanc jaunâtre, composés de onze segments étranglés et en chapelet, non compris la tête et l'anus. Les premier, deuxième, cinquième, sixième et septième segments sont plus larges que les autres : ils sont tous garnis de quelques poils naissant de petits tubercules peu saillants. La tête est aplatie, terminée en pointe et armée de deux mandibules bidentées au bout. Les trois premiers segments portent chacun une paire de pattes écailleuses, composées de trois articulations et terminées par un petit crochet ; les quatrième et cinquième, dixième et onzième anneaux n'ont pas de pattes ; les sixième, septième, huitième et neuvième sont munis chacun de deux pattes membraneuses couronnées de petites épines, et le tubercule anal est lui-même terminé par deux mamelons garnis de brosses courtes et destinées à servir de point d'appui à la chenille quand elle veut se pousser en avant.

Quand cette chenille est parvenue au terme de sa croissance, après avoir creusé des sortes de galeries dans l'intérieur des feuilles du cafier, elle détruit l'un des côtés de l'épiderme, sort de sa retraite et se file, au-dessus ou au-dessous de la feuille, mais plus volontiers en dessous, une petite tente blanche, formée de fils obliquement entrecroisés, au centre de laquelle elle se construit, dans l'espace de moins d'un jour, un petit cocon blanc, en ovale allongé. C'est dans cette demeure qu'elle subit sa métamorphose en chrysalide, et l'insecte parfait en sort au bout de six jours.

C'est un très-petit Papillon ou Lépidoptère,

appartenant à la famille des *Nocturnes* et à la tribu des *Tinéites.* On ne peut le séparer du genre Élachiste, fondé par l'entomologiste allemand Treitschche, et adopté par M. Duponchel, savant qui connaît actuellement le mieux les lépidoptères, dans son *Histoire naturelle des Lépidoptères de France* (t. II, p. 499). En effet, notre papillon offre les caractères principaux de ce genre, et, comme toutes ses espèces, il a les palpes inférieurs courts, courbés vers la terre, les antennes filiformes et plus épaisses à leur origine, les ailes supérieures en forme d'ellipse très-allongée, avec une longue frange à l'extrémité, les inférieures presque linéaires et entourées d'une longue frange, etc. Il appartient aussi à ce genre par sa chenille, car M. Duponchel dit que toutes celles que l'on connaît sont dites mineuses, c'est-à-dire qu'elles se creusent des galeries dans l'épaisseur des feuilles, dont elles ne mangent que le parenchyme, sans toucher aux deux épidermes qui leur servent d'abri, etc., etc. (1).

On ne connaissait de ce genre que des espèces européennes, toutes très-petites, comme l'indique leur nom générique. Après avoir comparé la

(1) Il faut que celle du cafier soit bien robuste et ait la vie bien dure, car, exposée toute la journée sous l'influence du soleil des Antilles, à l'abri de tous les vents qui pourraient en diminuer l'intensité, elle se conserve et continue ses ravages avec une célérité vraiment remarquable.

nôtre à toutes celles qui ont été publiées, nous avons reconnu, ce qui était facile à prévoir, qu'elle est nouvelle ou n'a pas encore été décrite, et nous lui avons donné le nom d'Élachiste du Cafier. Voici sa description.

ÉLACHISTE DU CAFIER. (*Elachista coffeella*. Nob.) Cette espèce est voisine des *Elachista Clerckella* de Linné et *spartifoliella* de Hubner, et elle se rapproche surtout de la dernière par sa très-petite taille. Son envergure est à peine de quatre à cinq millimètres, et la longueur de son corps de deux millimètres et demi. Sa tête est surmontée d'une petite crête formée par des écailles relevées. Ses premières ailes sont, en dessus, d'un blanc argenté très-brillant, avec l'extrémité terminée par des écailles allongées qui forment un appendice un peu relevé, varié de jaune doré, de blanc et de noir bleuâtre. A la base de cet appendice l'on voit une tache d'un noir bleu très-luisant, à centre argenté, posée tout à fait à l'extrémité de l'aile, et il part de cette tache un petit trait oblique jaune, bordé de points bruns, qui va rejoindre le bord supérieur de l'aile un peu après le milieu de ce bord. La frange est brune et composée de poils très-longs attachés seulement au bord inférieur et au sommet. Les ailes inférieures sont très-étroites, terminées en pointe, également couvertes d'écailles argentées comme les supérieures, et frangées de longs poils bruns.

La tête, les antennes, les palpes, le corselet, l'abdomen, les pattes et le dessous du corps sont entièrement couverts d'écailles argentées, et l'extrémité seule des cinq articles des tarses postérieurs est noire. Le dessous des ailes est brunâtre comme la frange.

Les écailles argentées qui recouvrent les ailes et le corps, sont de formes assez variées. Celles du dos, du milieu des ailes, etc., sont petites, arrondies ou ovalaires, plus ou moins dentelées à l'extrémité; celles des bords, vers l'extrémité des ailes antérieures, sont plus allongées, ainsi que celles qui forment la tache noire du bout de l'aile, parmi lesquelles plusieurs sont tachées de noir bleu au bout. Enfin les plus longues forment le prolongement relevé situé au-dessus de la tache noire; leur extrémité est tantôt jaune, tantôt noire, comme cela a lieu pour les petites écailles ordinaires qui forment le trait oblique partant du bord supérieur de l'aile pour arriver à la tache noire.

Ce petit papillon est très-vif et très-agile, et voltige dans toutes les directions en cherchant à s'accoupler. On le voit exécuter des bonds rapides, et son vol saccadé le fait reconnaître, même à distance.

L'Élachiste du cafier se voit pendant toute l'année; mais elle est plus ou moins abondante selon les saisons. C'est en mars que l'un de nous a commencé à étudier des larves, et il n'a reconnu le papillon qu'en avril. Dans les climats chauds qu'il habite, ce lépidoptère se reproduit plusieurs fois dans l'année, comme cela a lieu pour le ver à soie qui, sous les tropiques, se renouvelle tous les quarante à quarante-huit jours environ. L'Élachiste se reproduit à peu près dans le même espace de temps, car la larve reste environ quinze à vingt jours entre les deux cuticules des feuilles du cafier; elle en sort ensuite, travaille à son cocon, qu'elle achève dans les vingt-quatre heures, et six jours après, le papillon en sort, s'accouple et pond des œufs, qui éclosent sept ou huit jours plus tard.

Cette effrayante multiplication ne laisserait aux planteurs que bien peu d'espoir de s'opposer aux ravages de ces papillons, si la nature n'avait pas placé un remède près du mal. En effet, si ces lépidoptères, que leur petitesse fait échapper aux plus minutieuses investigations, se reproduisaient à loisir, sans que rien ne vînt s'opposer à cette immense multiplication, les cafiers auraient disparu depuis longtemps du sol de nos Antilles.

Il est probable que ces papillons sont attaqués par un ou plusieurs parasites, comme on l'a toujours observé en Europe, dans des circonstances semblables. Il doit y avoir des périodes pendant lesquelles ces parasites, venant à dominer, limitent tellement le nombre des papillons que les ravages causés par leurs chenilles restent inaperçus, jusqu'à ce que le moment arrive où les parasites eux-mêmes disparaissent, faute de nourriture, et laissent leurs victimes multiplier en paix, ce qui amène une nouvelle période de ravages. C'est alors que l'homme doit intervenir pour hâter la destruction des ennemis de ses plantations, car s'il attend qu'ils soient détruits par les seules forces de la nature, il faut qu'il se résigne à subir la perte de plusieurs récoltes, et cela périodiquement, ce qui doit diminuer considérablement la valeur réelle des propriétés. Voici les moyens que l'un de nous a proposé d'essayer pour diminuer et même pour détruire la race du papillon ou Élachiste du cafier.

Pour atteindre ce but, il est indispensable que tous les habitants s'entendent et agissent simultanément, et le concours de l'autorité locale est nécessaire pour assurer l'exécution des mesures adoptées, car sans cela toute tentative isolée serait illusoire et sans résultat, puisque la plantation purgée d'insectes nuisibles en serait bientôt infestée de nouveau par les plantations voisines.

Le premier moyen à tenter serait de faire couper, ensemble et sur tous les points de la colonie à la fois, au moment où l'insecte se trouverait à l'état de larve, les branches des cafiers qui seraient chargées de feuilles, et de les brûler. L'époque qui semblerait devoir être la plus favorable pour cette opération, serait celle qui suit immédiatement l'hivernage, ou celle pendant laquelle la température est la plus basse, parce que la chenille se trouve alors comme engourdie et ne peut se transformer en papillon qu'au retour d'une température plus douce. Ces cafiers seraient recépés de telle sorte que la végétation pût reprendre son cours ordinaire peu de temps après l'opération, afin, s'il était possible, de n'avoir à regretter qu'une récolte de café. Pour atteindre plus ou moins promptement cette condition, l'opération dont il s'agit serait faite avec un instrument tranchant et à une hauteur qui serait déterminée par le propriétaire lui-même (à un mètre cinquante centimètres environ). On aurait soin de conserver çà et là quelques branches jeunes et vigoureuses qui tendraient à maintenir l'équilibre de la sève dans toutes les parties du végétal. Après cette coupe, qui serait faite avec intelligence et beaucoup de soin, on labourerait la terre dans le voisinage des cafiers et avec la précaution qu'exige ce travail, en ayant soin de ne point endommager les racines principales de l'arbrisseau, et l'on fumerait convenablement les pieds qui paraîtraient épuisés ou qui manqueraient des substances nutritives nécessaires à la végétation. On devrait mettre ensuite la plus grande exactitude à surveiller le développement des nouvelles feuilles, et s'il se présentait, de loin en loin, quelques larves, quelques feuilles tachées, on les détruirait promptement. Cette mesure rigoureuse, si elle était prise sur tous les points de la colonie en même temps, produirait certainement le meilleur résultat; mais il faudrait, nous le répétons, que ce procédé fût pratiqué en temps opportun et par tous les habitants qui possèdent des cafiers.

Un autre procédé qu'il serait bon de tenter serait d'allumer des feux sur tous les points des cafeieries, à l'époque où les papillons commencent à sortir de leur cocon, en mars, avril et mai, par exemple. Ce moyen, qui a été tenté plusieurs fois en Europe dans des circonstances analogues, a produit de bons résultats, mais il n'a jamais été efficace, parce que tous les propriétaires ne l'ont pas employé en même temps. On sait que tous les insectes, et surtout les lépidoptères nocturnes, sont attirés par la lumière et viennent tourbillonner autour du feu, jusqu'à ce qu'ils s'y brûlent, ou se précipitent dans des vases remplis de liquide et disposés à cet effet. Il est certain qu'un grand nombre d'individus seraient ainsi détruits et qu'une illumination générale, répétée pendant plusieurs nuits, aurait des effets satisfaisants; mais pour cela il faudrait qu'un arrêté de M. le gouverneur obligeât chaque habitant, propriétaire de cafeierie, à allumer dans ses plantations le nombre de feux nécessaire ; et dans le cas où il ne se conformerait pas exactement à cette mesure générale, il pourrait être passible d'une amende quelconque.

A la même époque, et pour atteindre plus promptement ce but, on pourrait faire parcourir les plantations, le soir, par des nègres qui porteraient des torches allumées. On attirerait ainsi une foule de papillons cachés dans des endroits où la lumière des feux fixes n'aurait pu pénétrer, et il serait même possible de passer rapidement ces torches au-dessous des arbres les plus infestés, ce qui suffirait pour faire périr les lépidoptères qui s'y trouveraient.

Un autre moyen dont l'efficacité ne semble pas douteuse consiste à secouer vivement les pieds de cafiers pendant une pluie battante. En agitant brusquement ces arbrisseaux chargés d'eau ou en frappant sur leurs branches avec un bâton, on oblige les papillons réfugiés sous les feuilles à prendre leur vol, et la moindre goutte d'eau les fait tomber, gâte leurs ailes et cause leur mort.

Cet expédient, qu'il ne faudrait point négliger chaque fois que l'occasion s'en présenterait, pourrait peut-être conduire à un résultat tel, qu'on n'aurait plus besoin d'avoir recours aux moyens précités ; mais la pratique sur une grande échelle en serait difficile, sinon presque impossible, car il faudrait agir simultanément et pendant la pluie, ce qui serait fort pénible pour les ouvriers. Du reste, si ce moyen était reconnu réellement efficace, on devrait le pratiquer sans hésitation, et ne reculer devant aucun sacrifice, puisque l'avenir et la prospérité des cultures de cafiers en dépendraient.

Dans tous les cas il est essentiel que les propriétaires de ces plantations fassent des expériences et cherchent d'autres moyens de détruire cet ennemi de leurs récoltes. Ce mémoire, destiné surtout à leur faire connaître le lépidoptère qui cause la maladie de leurs arbrisseaux, les mettra sur la voie des recherches qu'ils doivent faire; ils pourront, mieux que nous, trouver des expédients d'une exécution possible en grand, dont les frais seront amplement compensés par une suite de récoltes abondantes.

Ils devront surtout s'attacher à étudier, s'il est possible, les ennemis de ce petit lépidoptère, afin qu'ils puissent, non-seulement les protéger, mais encore favoriser leur reproduction. Le temps n'a pas permis à celui de nous qui a été sur les lieux, de faire des recherches à cet égard; mais il existe à la Guadeloupe un homme fort éclairé, qui pourra s'adonner avec succès à ce genre de recherches. Ce savant est M. F^{d}. L'Herminier, docteur médecin, auquel les sciences naturelles doivent d'importants travaux, entre autres un mémoire sur le sternum des oiseaux, qui nous paraît un véritable chef-d'œuvre.

Une maladie plus sérieuse et plus grave encore atteint les cafiers dans quelques localités et cause leur mort au moment où l'on s'y attend le moins. Cette maladie, qui se développe dans la terre, empoisonne, disent les habitants, tous les cafiers qu'elle atteint. Elle est due à un très-petit champignon qui se propage dans la terre avec une telle rapidité, que le sol entier en est envahi dans un espace de temps très-court, surtout quand ce sol est riche en détritus de végétaux de facile décomposition (1). On sait généralement que la majorité des champignons ne se développent que sur des corps mous et en décomposition. Or, plus une terre renferme de ces matières, plus elle est sujette à être envahie par ces parasites d'un ordre inférieur, surtout si elle est prédisposée à en recevoir les sporules ou semences. C'est ainsi, en général, que les racines qui fixent les cafiers à la surface du sol et qui contribuent à leur nutrition, se trouvent privées des sucs propres qui forment la base de leur accrois-

---

(1) Nous présumons que la mortalité des cafiers dans tout le cirque de Salazie, à l'île Bourbon, est due à un champignon de même nature; dans ce cas, les moyens que nous allons indiquer pour détruire celui qui atteint les cafiers aux Antilles, pourront de même être employés à l'île Bourbon, et surtout à Salazie où les terres ne sont, en quelque sorte, composées que de détritus de végétaux.

sement, ou privées de l'exercice de leurs fonctions absorbantes par cette multitude de parasites, d'où il suit que la mort les atteint subitement, et au moment où la fructification se présente sous les apparences les plus belles. Il n'est, à notre connaissance, qu'un seul moyen de prévenir cet accident et d'en arrêter les progrès d'une manière complète, c'est l'écobuage des terres dans une forte proportion. Cette pratique, qui n'est en usage que dans les pays où les terres sont argileuses, compactes et gazonneuses, à l'effet de les rendre friables et meubles, serait très-avantageuse dans cette circonstance et remplirait parfaitement le but désiré. Voici comment il conviendrait d'opérer dans les terres qui sont envahies par ce champignon.

On rassemblerait une quantité suffisante d'herbes sèches, de broussailles, de bois de toutes sortes et de toutes grosseurs, mais parfaitement secs. On en formerait des tas rapprochés les uns des autres à la surface du sol, lesquels seraient d'autant plus gros que l'écobuage devrait durer plus longtemps. On ramasserait ensuite les couches de terre qui seraient les plus infestées du champignon parasite, par conséquent les plus riches en détritus de végétaux, et les plus faciles à embraser, puis on en couvrirait les tas de combustibles auxquels on mettrait ensuite le feu. On les surchargerait de nouvelles couches de terre au fur et à mesure que le feu se propagerait. On ferait en sorte d'écobuer la plus grande quantité possible de cette terre empoisonnée, en alimentant les feux par de nouveaux combustibles, ou bien en en allumant d'autres dans le voisinage; ces feux, bien organisés, dureraient plusieurs jours et produiraient un écobuage d'autant plus complet, qu'ils auraient été mieux entretenus.

Après l'extinction des feux et le refroidissement de leurs résidus, il faudrait, on devrait même, ouvrir les tas et répandre la cendre, la terre écobuée à la surface du sol, et donner un bon labour pour en opérer le mélange. Il serait utile aussi d'en conserver une certaine quantité pour s'en servir à l'occasion des nouvelles plantations. On mélangerait cette terre à celle qui serait mise dans les trous destinés à recevoir de jeunes cafiers, et leurs racines en seraient entièrement recouvertes.

Pour obtenir le même résultat, on pourrait agir d'une autre façon et avec non moins de succès, en creusant dans la terre infestée des trous d'environ un mètre carré en surface, et de cinquante à soixante centimètres de profondeur. Ces trous, alignés et placés, entre eux, à une distance suffisante, seraient remplis de combustible, recouverts de la terre infestée de champignons et leur contenu brûlé lentement. On devrait entretenir la combustion pendant deux ou trois jours, afin de brûler une plus grande quantité de terre attaquée par les parasites. La combustion terminée, on laisserait les trous ouverts pendant environ un mois ou six semaines, afin de permettre à la terre de se saturer de l'air ambiant, et de tous les gaz propres à la végétation dont le contact de l'air serait l'entremetteur. On mélangerait cette terre ainsi révivifiée avec celle des nouvelles plantations de cafiers, ou bien on en mettrait une certaine quantité au pied des arbrisseaux déjà en rapport.

Peut-être pourrait-on employer au même usage les cendres de bois, de charbon, etc., mêlées dans de justes proportions à la terre infestée de champignons. C'est une pratique dont on doit recommander l'expérimentation aux habitants des colonies. Cet écobuage aurait en outre pour effet de détruire une foule d'insectes nuisibles dont la terre, dans ces contrées, est infestée. On parviendrait encore à détruire ce champignon en mêlant à la terre qui en est remplie une certaine quantité de sel marin, ou des matières décomposées provenant des bords de la mer, telles que varechs, sargassum, etc., etc. Nous pensons que la morue gâtée, dont on se sert aux Antilles pour fumer les cannes à sucre, produirait le meilleur effet. Il suffirait d'en placer une petite quantité au pied de chaque cafier dont les racines seraient atteintes par ce parasite, pour arriver au but que l'on se propose.

L'un de nous a remarqué dans la plupart des plantations de cafiers la mauvaise habitude que l'on a de laisser amonceler au pied des arbrisseaux des herbes fraîchement arrachées, des broussailles de toutes sortes et des masses de détritus de végétaux, qui y fermentent, brûlent les racines supérieures, la base du tronc, favorisent la multiplication des champignons, causent la maladie et par suite la mort de l'arbrisseau. Ces tas de détritus ont encore l'inconvénient d'entretenir une humidité constante au pied de l'arbre, et d'empêcher le renouvellement de l'air dans cette partie, d'où il résulte que le cafier languit et finit même par périr, surtout dans la saison des pluies.

En général, pour que le cafier végète vigoureusement et produise beaucoup, il faut qu'il ait le pied entièrement dégagé et que ses racines supérieures soient à découvert (1). Il faut bien se garder d'entasser autour du tronc des ma-

---

(1) Dans les contrées où la sécheresse règne pendant une partie de l'année, on peut sans inconvénients amonceler au pied du cafier des matières décomposées qui conserveront à la terre une fraîcheur salutaire dont l'arbrisseau profitera et se trouvera bien. Ces matières, en outre, empêcheront la terre, si elle est compacte, de se crevasser, de se gercer comme cela n'arrive que trop souvent pendant les sécheresses prolongées de ces climats chauds.

tières étrangères capables d'empêcher les parties herbacées et vivantes de remplir leurs fonctions aspirantes et expirantes, lesquelles doivent s'exécuter dans l'air et avec l'aide de la lumière. Que les planteurs sachent bien que les racines n'absorbent les sucs, qu'elles transmettent aux parties aériennes du végétal, que par leurs extrémités, munies, à cet effet, de *stomates*, sortes de petites bouches. Dès lors les engrais que l'on placerait tout à fait au pied du tronc et les eaux qui y seraient dirigées, ne produiraient que peu d'effet sur le végétal, parce que les extrémités des racines, qui rayonnent assez loin, ne pourraient les absorber. C'est donc à une certaine distance du tronc qu'il faut placer les engrais et diriger les eaux d'irrigation, si l'on veut qu'ils produisent tous les avantages dont ils sont susceptibles. On pourrait obtenir cet heureux résultat en pratiquant une espèce de rigole ou de bassin circulaire, d'une grandeur proportionnée à la force de l'arbre, dans lequel on placerait l'engrais et qui recevrait en même temps l'eau d'arrosement.

Les observations d'histoire naturelle contenues dans ce mémoire, et les pratiques agricoles que nous proposons, étudiées, essayées sous diverses formes et modifiées par les personnes intéressées, pourront peut-être conduire à la découverte de moyens faciles et économiques de sauver les cafiers des diverses maladies auxquelles ils sont sujets. Dans tous les cas, notre travail pourra être de quelque utilité pour diriger les planteurs dans la recherche des moyens de préserver leurs cafiers de deux fléaux qui compromettent sérieusement une des premières sources de la richesse de nos colonies.

Nous recommandons particulièrement aux habitants de Bourbon, et surtout à ceux du cirque de Salazie, la dernière partie de notre mémoire, car elle nous paraît propre à les mettre sur la voie de la maladie qui atteint leurs cafiers. En effet, nous pensons que la mort qui frappe partout ce précieux arbrisseau est due en partie à ces couches de matières en décomposition dont les plantations sont remplies, lesquelles favorisent singulièrement le développement du champignon dont nous avons parlé, ainsi que celui d'une foule d'insectes également nuisibles à la prospérité du cafier. L'un de nous a remarqué, pendant son séjour à Salazie, que le sol dans lequel se trouvaient ces plantations n'était qu'un amas de détritus de végétaux en décomposition, et, par conséquent, qu'il était très-favorable à la végétation du champignon dont il s'agit, si, comme il le soupçonne, il existe aussi dans cette localité.

Nous engageons donc les habitants de cette contrée à essayer les moyens que nous proposons, lesquels, nous le pensons, doivent conduire à des résultats satisfaisants sous plus d'un rapport.

Ils feraient bien, en outre, avant d'établir définitivement leurs plantations, de défricher convenablement leurs terres ; de mêler la partie supérieure, qui n'est, comme nous venons de le dire, qu'une masse de détritus de végétaux, avec les couches inférieures, composées de terre plus forte et plus compacte; ensuite, de faire les trous d'avance, afin que la terre puisse se saturer de l'air ambiant et acquérir les qualités nécessaires à la végétation ; enfin, de prendre quelques précautions en plantant les jeunes arbrisseaux, telles, par exemple, que celle de faire glisser de la terre meuble sous et entre les racines, en tenant celles-ci écartées et en faisant en sorte que le collet, ou la partie qui sépare la tige d'avec le pivot radiculaire, reste, après l'affaissement du sol, au niveau de ce dernier.

Nous leur conseillons encore de mieux choisir les graines dont ils font les semis d'où doivent sortir plus tard les individus qui composeront les plantations régulières, au lieu de prendre les premières qui tombent sous leur main, comme l'un de nous a été à même de le remarquer dans toutes les colonies. Il conviendrait de cueillir ces semences sur des individus jeunes et forts, et sur les branches les plus saines et les plus vigoureuses, en ayant soin de choisir celles qui paraissent les mieux nourries, les plus grosses et les plus mûres; pour qu'elles puissent achever leur maturité, on les laisserait en tas dans leurs pulpes pendant quelques jours si cela était nécessaire.

Nous pensons qu'il serait préférable de semer les grains de cafier en place et dans les localités mêmes où doivent s'effectuer les plantations. Les trous faits d'avance, comme nous l'avons dit plus haut, et alignés exactement au moyen de jalons, seraient remplis de bonne terre tassée et bien affermie; après, on placerait au pied de chaque piquet trois graines de café que l'on enfoncerait à la profondeur d'un pouce et demi au plus; on recouvrirait ensuite la surface de ces trous d'une couche de détritus de végétaux, d'herbes sèches ou de paille, laquelle entretiendrait une fraîcheur salutaire autour des semences et favoriserait puissamment leur germination. Dans le cas où les trois graines viendraient à germer et où chacune d'elles donnerait naissance à un jeune individu, on en retirerait les deux plus faibles afin de n'en laisser qu'une en place; ce moyen nous paraît préférable à celui qui a pour but de former les plantations avec de jeunes individus élevés dans des pépinières; nous l'avons vu mettre en pratique à la Guadeloupe, où les caféières ainsi faites étaient admirées de tout le monde, tant les plants étaient beaux et leurs rameaux chargés de fruits.

EXPLICATION DES PLANCHES.

Planche 1re.

Fig. 1. Mesure de la grandeur naturelle de l'*Elachista coffeella.*

Fig. 2. Le même insecte grossi et les ailes étendues.

Fig. 3. Le même au port d'ailes ou en repos.

Fig. 4. Extrémité de l'aile supérieure droite, pour montrer les cils du bord inférieur, les écailles de diverses couleurs qui forment le prolongement de son extrémité et celles qui produisent la tache noire placée à la base de ce prolongement.

Fig. 5. Le même insecte, vu de profil.

Fig. 6. *Idem,* vu en dessous. 6. A. ses palpes.

Fig. 7. L'un des palpes isolé, très-grossi et en partie dépouillé de ses écailles.

Fig. 8. Plusieurs de ces écailles très-grossies et prises sur la surface ou sur les bords.

Fig. 9. Les deux ailes droites dépouillées de presque toutes leurs écailles, pour montrer leurs nervures.

Fig. 10. Écailles prises au milieu des ailes supérieures.

Fig. 11 et 12. Écailles des bords, formant la tache apicale.

Fig. 13. Quelques-unes des écailles qui forment le prolongement de l'extrémité, dont plusieurs sont décomposées en poils ramifiés au bout.

Planche 2.

Fig. 1. Feuille de cafier altérée par des chenilles.

a. a. Portions déjà rongées.

b. Chenille, de grandeur naturelle, cherchant à filer sa coque.

c. c. c. c. Plusieurs coques fixées sur la feuille et maintenues par des fils blancs entre-croisés.

d. Papillon nouvellement éclos et de grandeur naturelle.

Fig. 2. Une coque très-grossie pour montrer la disposition des fils au moyen desquels la chenille l'a fixée à la feuille.

Fig. 3. Chenille très-grossie et dessinée à Paris, d'après des individus conservés dans l'alcool.

Fig. 4. La même vue de profil.

Fig. 5. Chenille très-grossie et dessinée à la Guadeloupe, d'après le vivant, par M. Perrottet.

a. Coupe transversale de cette chenille pour montrer son aplatissement.

Fig. 6. La tête et les deux premiers segments de la chenille pour montrer ses yeux (*a*), ses mandibules (*b*), ses deux premières pattes écailleuses (*c. c*), et les poils dont elle est hérissée.

Fig. 7. Deux segments moyens de son corps, montrant les pattes membraneuses couronnées de fines dentelures (*a. a*).

Fig. 8. Mandibule isolée et très-grossie.

Fig. 9. Extrémité du dernier segment de la chenille, portant les deux dernières pattes membraneuses.

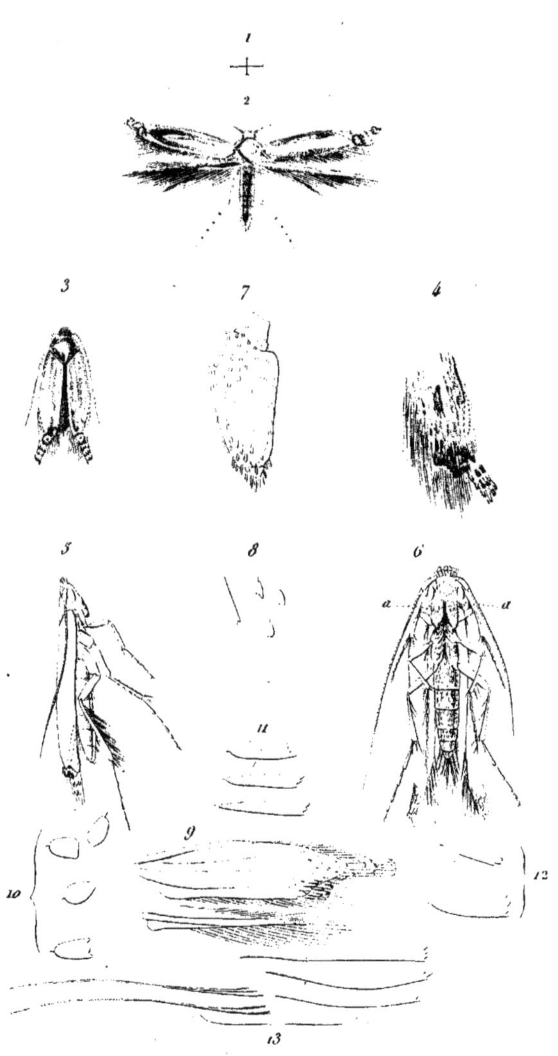

Elachista *Coffeella*.

E.G.M. del. · V. Rémond imp. · Annedouche sc.

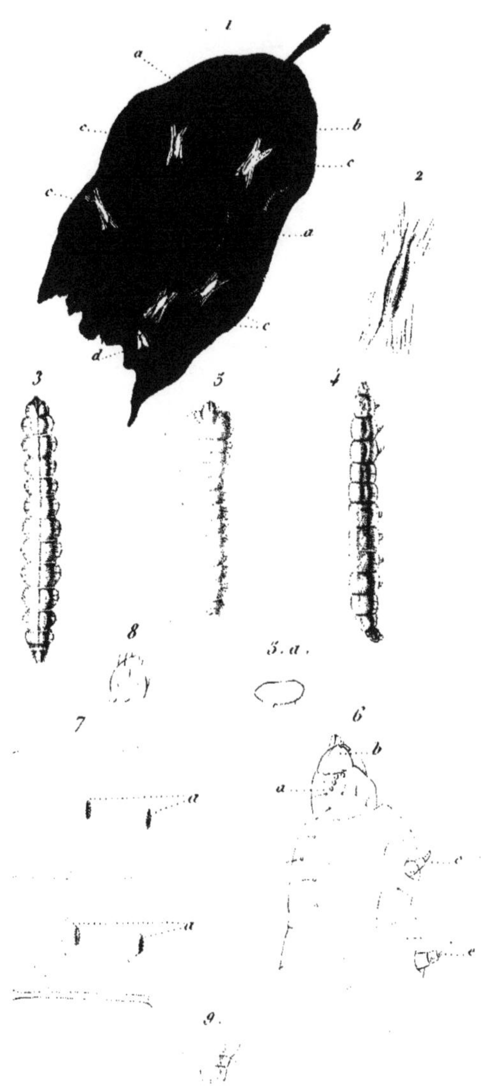

Elachista *Coffeella*.

E. G. M. del.

A. Remond imp.

Annedouche sc.

RAPPORT

SUR UN MÉMOIRE

DE MESSIEURS

GUÉRIN-MÉNEVILLE ET PERROTTET,

Relatif aux ravages que font, dans les cafeieries des Antilles, une race d'insectes lépidoptères et une espèce de champignons.

(Commissaires, MM. Milne Edwards, de Gasparin, Duméril, *rapporteur*.)

« L'Académie a chargé MM. Milne Edwards, de Gasparin et moi, de lui rendre compte d'un Mémoire de MM. Guérin-Méneville et Perrottet concernant les ravages que font sur les cafiers des Antilles, certaines larves d'insectes et une espèce particulière de champignons.

» Ce mémoire a été brièvement analysé dans le *Compte rendu* de la séance du 25 avril dernier, sous le rapport de l'histoire naturelle; mais comme il renferme des détails importants, nous croyons devoir en entretenir de nouveau l'Académie.

» Les larves dont il est question sont de très-petites chenilles qui produisent des insectes parfaits, ayant beaucoup d'analogie avec les

3

lépidoptères nocturnes que l'on désigne ordinairement sous le nom de Teignes. Il est difficile de les découvrir quand elles sont sous leur première forme, surtout lorsqu'on ignore l'instinct astucieux qui les dérobe à la vue; car elles se logent sous l'épiderme des feuilles de l'arbrisseau dont elles rongent le parenchyme, et elles se mettent ainsi à l'abri des intempéries et de l'ardeur de l'atmosphère, en même temps qu'elles soustraient leur corps très-mou à la voracité des oiseaux et des insectes qui pourraient les détruire.

» Les entomologistes qui ont fait une étude spéciale des lépidoptères dans ces derniers temps, et en particulier M. Duponchel, ont désigné sous le nom d'Élachiste, le genre auquel ils ont rapporté une trentaine d'espèces européennes, évidemment analogues par les formes et les habitudes: ce nom, proposé d'abord par M. Treitschke, peut indiquer leur extrême petitesse. D'ailleurs ces lépidoptères ont pour caractère une conformation particulière des palpes, des antennes et des ailes, et nous devons dire que les individus qui ont été soumis à l'examen de vos commissaires, sous les trois états de chenilles, de nymphes et d'insectes parfaits, conservés secs et dans la liqueur, leur ont présenté la plus grande analogie avec les espèces de France, et en particulier avec celles dont l'histoire et les mœurs ont été si bien indiquées par Réaumur (1). Ce sont de véritables chenilles mineuses, se pratiquant non des galeries, mais une tente dans l'épaisseur d'une feuille dont elles rongent le tissu parenchymateux, en ayant soin de ménager artistement l'épiderme de manière à se garantir de la sécheresse et à y trouver cet abri protecteur, cette toile mince qui les cache pendant toute cette époque de leur première existence; mais à peine ont-elles acquis leur entier accroissement, que, filant chacune un petit cocon, toute la feuille attaquée se dessèche, se recoquille, noircit, et ne participe plus à la vie, car elle ne remplit plus ses fonctions : de là le mal et le tort réel que ces insectes font aux planteurs.

» L'histoire et les mœurs de ces larves d'Élaschistes ont été parfaitement étudiées sur les lieux par M. Perrottet, et M. Guérin-Méneville a décrit avec soin et figuré toutes ces particularités; il y a joint en outre des détails curieux sur leur conformation. Les objets même en nature et les dessins, exécutés sur des préparations faites avec talent, ont été mis sous nos yeux; ils nous ont paru très-exacts et bien propres à éclaircir cette histoire particulière, qui ne pouvait être mieux élucidée que par l'association de deux naturalistes observateurs aussi habiles chacun dans

(1) Tome III, Mémoire 1er.

leur genre, l'un comme agriculteur, l'autre comme dessinateur et entomologiste fort instruit.

» M. Perrottet avait été consulté aux Antilles sur la cause de ces sortes d'altérations que les colons lui faisaient remarquer sur les feuilles des arbrisseaux qui donnent le café. Ces arbres rabougris végétaient avec peine et donnaient très-peu de fruits. Le peu de feuilles qu'ils avaient encore portaient de grandes taches noires; mais la plupart étaient desséchées, et, quoique mortes, elles restaient sur les branches. L'action vivifiante de l'atmosphère ne pouvant plus s'exercer sur ces arbrisseaux, leur existence était très-compromise. Les cultivateurs attribuaient ces dégâts à diverses circonstances hypothétiques, car ils ignoraient la véritable cause de cette maladie, qu'ils appelaient la *rouille*.

» M. Perrottet reconnut bientôt la nature et la véritable cause du mal, et son origine. Il expliqua ainsi les effets désastreux que produisent ces insectes. Comme les Pyrales de la vigne, ces petits papillons de nuit font plusieurs pontes dans l'année, et la race se reproduit à des intervalles de quarante à quarante-cinq jours. Sous forme de chenilles rases et colorées par la chlorophylle, elles se nourrissent ainsi déguisées pendant quinze à vingt jours; puis elles se filent chacune une petite coque. Réunies au nombre de trois ou quatre sous une même tente, elles y passent environ une semaine sous la forme de chrysalides, et lorsque l'insecte a acquis des ailes, qu'il est parfait, il vole le soir ; les sexes se rapprochent, la ponte s'opère, la femelle allant déposer ses œufs sur les feuilles les plus tendres.

» MM. Perrottet et Guérin proposent divers moyens ou procédés rationnels pour détruire en grande partie cette race d'insectes nuisibles ; mais ces tentatives, pour être très-efficaces, exigeraient un ensemble de volonté et une harmonie d'efforts simultanés qu'il sera toujours difficile d'obtenir des cultivateurs sans le concours de l'autorité.

» Le premier serait de sacrifier pour une année les branches des cafiers dont les feuilles sont le plus altérées, en ne laissant sur tiges que les rameaux dont les pousses sont le moins attaquées, en détruisant même les feuilles malades, de manière cependant à conserver de la vie et de l'activité à la séve. Ce serait une opération qui devrait être faite à une même époque dans toutes les contrées. On choisirait le moment de l'année où, après l'hivernage, la température est la plus basse, parce que les chenilles et les papillons sont alors engourdis, et parce que l'éclosion des chrysalides se trouve retardée.

» D'autres procédés, moins efficaces peut-être, sont également proposés aux planteurs. Ainsi, à l'époque où les pluies sont très-abondantes, ils pourraient faire secouer les branches dont le dessous des feuilles abrite les insectes parfaits; ceux-ci, mouillés par une seule goutte d'eau qui colle les franges de leurs ailes, ne peuvent plus voler ni se relever de terre, où ils ne tardent pas à périr.

» Ou bien encore, à des époques déterminées, on allumerait, pendant la nuit, des feux brillants sur un très-grand nombre de points à la fois. Ces insectes, attirés par la lumière, viendraient se précipiter et se brûler dans les flammes.

» Enfin, comme le disent les auteurs du Mémoire, les colons, maintenant plus instruits sur la véritable cause du mal, seront sur la voie des recherches et des moyens qui seront les plus convenables pour s'opposer à la propagation d'un ennemi aussi dévastateur.

» Nous pensons, en effet, qu'il en doit être de la pathologie des végétaux comme de celle des animaux. Lorsqu'on a pu reconnaître l'origine ou la véritable cause d'un mal qui est constamment le même, dont on a observé la marche, les effets et la terminaison, s'il n'est pas toujours au pouvoir de l'homme de le guérir, on peut au moins, dans quelques cas, en arrêter les progrès et souvent employer avec succès une médecine préservative.

» Nous croyons que les observations de MM. Guérin et Perrottet méritent quelque intérêt de la part de l'Académie, et nous vous proposerions de les faire publier avec les dessins qui sont déjà gravés, si ces messieurs ne nous avaient fait connaître l'intention où ils étaient de les déposer dans un recueil spécial.

» Quant à la seconde partie du Mémoire, dans laquelle M. Perrottet fait connaître les dommages considérables que produit dans les cafeieries le développement rapide et immense d'une espèce de champignon, l'auteur n'ayant indiqué d'autre remède qu'un écobuage général et l'application des feux de broussailles sur les terres ainsi remuées et retournées, nous croyons que ce moyen n'est guère praticable en raison du travail qu'il exigerait dans un pays où la main-d'œuvre est si dispendieuse. »

M. le rapporteur me semble ne pas avoir bien compris le système d'écobuage que je propose, puisqu'il pense que le travail qu'il exigerait dans les colonies, où, selon lui, la main-d'œuvre est très-coûteuse, le rendrait impraticable. Je crois, au contraire, que rien ne serait plus facile et moins dispendieux à mettre à exécution, dans ces contrées, que ce système, qui, par lui-même, est extrêmement simple et à la portée de tout le monde. En effet, il suffit d'avoir à sa disposition, et sous la main, les matières combustibles propres à embraser la terre réunie en tas plus ou moins volumineux. Or, ces matières abondent dans toutes les colonies, il ne faut que se donner la peine de les ramasser et de les réunir pour en faire des tas que l'on recouvre de terre et auquel on met le feu ensuite.

D'un autre côté, la main-d'œuvre est d'autant moins chère dans les colonies que les propriétaires de cafiers possèdent tous des ouvriers noirs à eux appartenant, qu'il faut bien utiliser et savoir occuper d'une manière quelconque; d'ailleurs, il ne faut pas beaucoup de temps pour ramasser la terre à la surface du sol et l'appliquer sur les tas de broussailles et autres bois secs dont je viens de parler, tas qui seraient très-multipliés sur toute l'étendue du champ.

Le savant rapporteur, si je ne me trompe, a compris que je proposais d'embraser toute la surface du sol en brûlant les bois et les broussailles à feu nu ou sur le champ même dont la terre aurait préalablement été remuée; cependant ce n'est pas ainsi que je l'ai entendu, et l'explication que je donne de l'écobuage, dans le mémoire qui fait l'objet de ce rapport, me semble assez claire, pour qu'à cet égard il ne puisse y avoir d'équivoque.

J'engage donc les colons à faire usage du procédé que j'indique et à ne pas négliger non plus les cendres de bois et les matières salines, dont je propose également l'emploi, comme devant être très-efficaces pour arrêter la propagation et hâter la destruction du champignon qui cause la mort inopinée de leurs cafiers. Je ne saurais, pour le moment, leur conseiller des moyens plus efficaces. P.

PARIS.—IMPRIMERIE DE FAIN ET THUNOT,
IMPRIMEURS DE L'UNIVERSITÉ ROYALE DE FRANCE,
Rue Racine, 28, près de l'Odéon.

SPECIES ET ICONOGRAPHIE GÉNÉRIQUE DES ANIMAUX ARTICULÉS ou REPRÉSENTATION DES GENRES, avec la description abrégée de toutes les espèces de cette grande division du règne animal, *ouvrage formant une série de Monographies complètes*,

PAR M. F.-E. GUÉRIN-MÉNEVILLE,

fondateur de la *Société Cuvierienne*, etc., etc.

Première partie : INSECTES COLÉOPTÈRES.

LISTE DES SOUSCRIPTEURS FONDATEURS.

MM.

1 De la Ferté Senectère, Azay-le-Rideau.
2 De Brême, Paris.
3 Hope, Londres.
4 De Romand, Tours.
5 Chevrolat, Paris.
6 De Saulcy, Brest.
7 Spinola, Gênes.
8 Reiche, Paris.
9 Mannerheim, Vibourg.
10 De Cerisy, Toulon.
11 Fischer de Waldheim, Moscou.
12 Reinwardt, Leyde.
13 Rasch, Christiana.
14 Poey, Havane.
15 Burmeister, Halle.
16 Hérétieu, Cahors.
17 Claussen, Rio-Janeiro.
18 Ach. Costa, Naples.
19 Blutel, La Rochelle.
20 Signoret fils, Paris.
21 Alph. Decazes, Amsterdam.
22 Domergue de St-Florent, Vendœuvre.
23 Buquet, Paris.
24 Serville, Paris.
25 Morisse, Havre.
26 Jeckel, Paris.
27 Deyrolle, Paris.
28 Boisgiraud, Toulouse.
29 Joly, Toulouse.
30 L'abbé Blondeau, Paris.
31 Dumontier, Paris.
32 Gougelet, Paris.
33 Paquet, Tours.
34 A. Wolff, Paris.
35 C. Paris, Épernay.
36 Th. Vuillier, Paris.
37 E. Lafond, Paris.
38 A. Allibert, Paris.
39 H. Gory, Paris.
40 Fournel, Metz.
41 Bertrand, Mont-de-Marsan.
42 E. Perris, Mont-de-Marsan.
43 Amand Taslé, Vannes.
44 Koenig aîné, Colmar.
45 Fugière, Paris.

MM.

46 C. L. F. Panckoucke, Paris.
47 Liskenne, Paris.
48 Lequien, Chartres.
49 Alex. Brongniart, Paris.
50 F. Denfer, Paris.
51 Bachoux, Paris.
52 Boudier, Montmorency.
53 L'abbé Blaive, Tours.
54 De Lamotte Baracé, Coudray.
55 Silbermann, Strasbourg.
56 Faces, Montpellier.
57 Pouchet, Rouen.
58 Aignan-Desaix, Joigny.
59 Houton de la Billardière, Saint-Germain-du-Corbeis.
60 Ménetriez, Saint-Pétersbourg.
61 Crémiere, Loudun.
62 E. Pradier, Paris.
63 E. Desmarets, Paris.
64 Goureau, Paris.
65 Lesaulnier, Saint-Lô.
66 Reich, Berlin.
67 Fouquet, Vannes.
68 Montandon, Paris.
69 A. Brullé, Dijon.
70 Th. Lacordaire, Liége.
71 Parzudaki, Paris.
72 C. Dales, Rotterdam.
73 Me de Buzelet, Saint-Mathurin.
74 Trobert, Brest.
75 A. Levoiturier, Orival.
76 Ch. Passerini, Florence.
77 Von Winter, Leyde.
78 F. Couchet, Genève.
79 V. Pecchioli, Pise.
80, 81 } Wander Hoek, Leyde.
82 Capitaine Parry, Londres.
83 Dr. Bowring, Londres.
84 Dubois, Rochefort.
85 E. Vesco, Toulon.
86 J. V. Gaud, Genève.
87 E. Pilate, Wazemmes-lès-Lille.
88 Poignée-Darnaud, Ste-Menehould.
89 Ed. Bouteiller, Provins.
90 Le Roy de Méricourt, Abbeville.
91 Ad. Delessert, Paris.

92 CHENU, Paris.
93 BAYLE, Clermont-Ferrand.
94 L. FERMAIRE, Paris.
95 P. GERVAIS, Paris.
96 C. RONDANI, Parme.
97 LE GUILLOU, Paris.
98 DE BRÉBISSON, Falaise.
99 HOUEBRE, Paris.
100 JACOB, Tonnerre.

Aujourd'hui (31 janvier 1842), le dernier souscripteur inscrit porte le nº 121.

L'empressement avec lequel les entomologistes se sont fait inscrire sur cette liste de *fondateurs*, prouve que la science compte de nombreux adeptes, et présage un grand succès à l'ouvrage pour lequel ils nous ont accordé un si prompt et si efficace appui. Nous ne saurions trop remercier les savants qui sont venus assurer cette utile publication ; mais nous leur prouverons notre reconnaissance en apportant tous nos soins à l'ouvrage dont ils ont si bien accueilli le projet, afin de le rendre digne de leur bienveillant patronage, et nous considérerons toujours la marque éclatante de confiance qu'ils nous ont donnée comme notre plus beau titre scientifique.

Voici, du reste, ce que *le Moniteur* a dit de notre entreprise, dans son numéro du 28 novembre 1841 :

« Le savant entomologiste qui a conçu le plan de cette utile et vaste entreprise vient de recueillir, à son occasion, un témoignage bien flatteur de la confiance qu'une belle réputation scientifique, acquise par d'excellents et nombreux travaux sur une spécialité, peut mériter à un homme, jeune encore, mais qui a consacré plus de vingt années de sa vie à l'étude consciencieuse d'une science. En effet, à peine M. Guérin-Méneville a-t-il annoncé qu'il allait entreprendre une histoire complète des animaux articulés, à peine a-t-il sollicité le concours des amis des sciences, que, de tous les pays, les naturalistes se sont empressés de se faire inscrire comme souscripteurs, comprenant l'utilité scientifique de son projet, et sachant que personne ne saurait mieux l'exécuter.

» Cette manifestation honorable est la meilleure preuve d'assentiment que l'on puisse donner au projet d'un auteur, et montre mieux que tous les éloges, que ce projet est bon, utile à la science, et que son auteur offre toutes les garanties désirables aux naturalistes, soit pour l'exécution scientifique du texte, soit pour celle des planches, qu'il dessinera avec la supériorité artistique dont il a acquis si justement la réputation.

» M. Guérin-Méneville, voulant entreprendre cette publication avec sécurité, et désirant surtout qu'elle ne fût pas soumise aux chances des spéculations de la librairie, s'est adressé directement aux savants que son livre intéresse, et il leur a demandé de lui garantir seulement les frais matériels (impression, gravure, etc.), couverts, suivant son calcul, par 100 souscripteurs. « Si mon *Species*, dit M. Guérin-Méneville, s'adressait aux gens du monde, comme les ouvrages d'agrément ou purement littéraires, on pourrait compter sur 8 ou 10,000 souscripteurs, et livrer l'ouvrage à un prix très-bas, en établissant que les frais ne seront couverts que lorsqu'on aura 3 ou 4,000 abonnés. Il n'en est pas ainsi pour un livre d'histoire naturelle spéciale; car on sait que tous les entomologistes de l'Europe, membres ou correspondants des sociétés de France, d'Angleterre et des autres États, forment à peine un personnel de 4 ou 500 naturalistes, ce qui rend les chances de vente d'un tel ouvrage très-limitées. »

» Malgré cet inconvénient, M. Guérin-Méneville a fixé le prix de chaque livraison de quatre monographies (quatre planches et leur texte) à 2 fr. 40 c., et il a annoncé qu'il commencerait son travail dès que 100 souscripteurs seraient inscrits. On aurait peine à le croire, si la liste des souscripteurs n'était pas publiée (dans la *Revue zoologique*); mais, depuis trois mois à peine que le prospectus a été répandu, M. Guérin-Méneville a reçu l'adhésion *écrite* de 95 souscripteurs, et nous pouvons annoncer, sans craindre de trop nous avancer, que les 100 souscriptions qu'il demande seront remplies bien avant la fin de cette année.

» Au reste, tous les zoologistes reconnaissent qu'un *Species* des animaux articulés était un besoin pour la science, et tous ont applaudi à l'idée qu'a eue M. Guérin-Méneville de publier ce grand ouvrage par *monographies* séparées. De cette manière il sera utile dès son commencement, car chaque monographie formera un tout complet : chaque genre sera publié séparément, il aura une planche pour représenter ses caractères et le texte nécessaire pour décrire toutes ses espèces.

« Comme je suis convaincu, dit l'auteur, que le temps des méthodes établies *à priori* et par inspiration est passé, et que la science a besoin actuellement d'une classification appuyée sur des faits bien connus, je ne présenterai ma propre méthode que lorsqu'un groupe assez considérable sera terminé. Je profiterai, pour la formuler, des connaissances positives que j'aurai acquises en étudiant sérieusement les *genres* et les *espèces*, en combinant les faits de détail avec les observations anatomiques, dont on possède actuellement une assez riche série, et en cherchant à faire concorder cette connaissance avec celle des mœurs des insectes sous leurs divers états.

» Je dois le répéter, car c'est l'avantage fondamental de mon ouvrage, le *Species* et *genera* des animaux articulés formera à lui seul une bibliothèque entomologique; on pourra, avec une dépense limitée et extrêmement divisée, se passer d'une foule d'ouvrages qu'il serait difficile d'obtenir pour moins de 10 à 15,000 fr. Les matériaux répandus dans ces nombreux ouvrages, et les objets inédits des collections, seront coordonnés sous les yeux des étudiants ; enfin, l'on pourra nommer mon ouvrage la *Bibliothèque complète des Entomologistes.* »

» On doit féliciter M. Guérin-Méneville d'avoir mérité le témoignage éclatant d'estime et de confiance qui lui est donné par les entomologistes de tous les pays. Cette manifestation honore également celui qui la reçoit et ceux qui la donnent, et elle montre qu'un homme d'un mérite réel trouve facilement appui et protection, quand il s'adresse franchement à l'opinion publique. »

Conditions de la Souscription :

Chaque *Monographie*, composée d'une planche et du texte nécessaire, qu'il soit court ou étendu, sera payée 60 centimes (figures coloriées, 80 centimes).

Il paraîtra d'abord une livraison de quatre monographies tous les 15 jours.

Prix de chaque livraison, fig. noires : 2 fr. 40 cent. (fig. coloriées : 3 fr. 20 c.).

AVIS ESSENTIEL.—Les Souscripteurs qui payeront douze livraisons à l'avance et les feront prendre au bureau (ou payeron l'affranchissement) jouiront d'une remise de 10 p. 100.

Il est bien entendu que si l'on faisait prendre et payer par un libraire, lui seul jouirait de la remise offerte.

12 livr. noir. à 2 fr. 40 c. ; 28 fr. 80 c. ; ôter 10 p. 100, reste 26 fr.

12 livr. col. à 3 f. 20 c. ; 38 f. 40 c. ; ôter 10 p. 100, reste 34 f. 60 c.

Écrire, FRANCO, à M. Guérin-Méneville, rue de Seine St-Germain, 13, à Paris.

PARIS. — IMPRIMERIE DE FAIN ET THUNOT,
IMPRIMEURS DE L'UNIVERSITÉ ROYALE DE FRANCE,
Rue Racine, 28, près de l'Odéon.

SPECIES

ET ICONOGRAPHIE GÉNÉRIQUE

DES

ANIMAUX ARTICULÉS

OU

REPRÉSENTATION DES GENRES,

AVEC LA DESCRIPTION ABRÉGÉE DE TOUTES LES ESPÈCES
DE CETTE GRANDE DIVISION DU RÈGNE ANIMAL,

Ouvrage formant une série de Monographies complètes,

PAR M. F.-E. GUÉRIN MÉNEVILLE.
fondateur de la *Société Cuvierienne*, etc., etc.

PREMIÈRE PARTIE :

INSECTES COLÉOPTÈRES.

PROSPECTUS.

Tous les zoologistes reconnaissent qu'un *species* des animaux articulés est indispensable dans l'état actuel de la science ; mais ils savent aussi qu'un pareil ouvrage, accompagné de la figure de toutes les espèces, serait inexécutable, parce qu'il entraînerait l'éditeur et les souscripteurs dans des dépenses immenses.

J'ai pensé que la figure de tous les types de genres et des détails caractéristiques de ceux-ci, suffiraient pour en donner une idée complète, et qu'il ne serait ensuite nécessaire que d'avoir une description des espèces propres à chacun de ces genres. J'ai reconnu qu'en procédant ainsi, je pouvais faire un livre utile et d'un prix modique, relativement à son étendue, en donnant aux nombreux amateurs le moyen de classer et de nommer leurs collections ; sans être obligés d'acquérir une foule de traités spéciaux, de recueils, de journaux, etc., qui sont d'un prix très-élevé, et qui souvent ne mènent à aucun résultat. L'idée de publier un *species* m'a été suggérée surtout par les demandes que je reçois souvent de personnes qui commencent à s'occuper d'entomologie ; ces personnes me prient de leur indiquer l'*ouvrage* qu'elles doivent se procurer pour étudier les objets de leurs collections ; soit qu'elles s'occupent de l'étude des animaux propres aux pays qu'elles habitent, soit qu'elles aient des collections plus générales. Toutes les fois que je leur ai indiqué un certain nombre d'auteurs, tel que *Fabricius*, *Olivier*, *Schœnherr*, *Curtis*, *Stephens*, *Hubner*, *Cramer*, *Stoll*, etc., etc., j'ai appris qu'elles avaient renoncé à une étude qui exigeait la possession d'une bibliothèque très-coûteuse, sans leur donner la certitude de trouver un moyen certain et un peu commode de classer leurs collections.

Des travaux entomologiques continués depuis plus de vingt ans, une grande habitude du dessin, de riches notes, au moyen desquelles je me tiens continuellement au courant des progrès de la science, et le concours de tous les entomologistes vraiment zélés de la France et des contrées où l'étude de l'histoire naturelle est en honneur, me donnent la certitude d'arriver au but auquel j'aspire. Chacun, j'en suis certain, voudra concourir au monument que je vais élever à la science des animaux articulés. Tous les savans qui s'occupent sérieusement de l'entomologie voudront la rendre accessible à ceux qui commencent à l'aimer, et qui ne sont rebutés que par la difficulté de se procurer les moyens de la cultiver. Ils y parviendront et contribueront à rendre mon ouvrage plus complet, en me faisant connaître les matériaux qu'ils possèdent, afin de les mettre à la disposition de tous, et en rédigeant, s'ils le désirent, sur le plan que je leur donnerai, des monographies qui paraîtront dans mon recueil *et porteront leur signature.*

Chaque genre sera publié séparément : on lui consacrera une planche et le texte nécessaire, en sorte que l'ouvrage formera une suite de *monographies* indépendantes les unes des autres, et que chacun pourra classer suivant la méthode qui lui conviendra le mieux. Comme je suis convaincu que le temps des méthodes établies *a priori* et par inspiration est passé, et que la science a besoin actuellement d'une classification appuyée sur des faits connus, je ne présenterai ma propre méthode que lorsqu'un groupe assez considérable sera terminé. Je profiterai, pour la formuler, des connaissances positives que j'aurai acquises en étudiant sérieusement les *genres* et les *espèces*, en combinant les faits de détail avec les observations anatomiques, dont on possède actuellement une assez riche série, et en cherchant à faire concorder cette connaissance avec celle des mœurs des insectes sous leurs divers états.

Je dois le répéter, car c'est l'avantage fondamental de mon ouvrage, le *species* et *genera* des animaux articulés formera à lui seul une bibliothèque entomologique; on pourra, avec une dépense limitée et extrêmement divisée, se passer d'une foule d'ouvrages qu'il serait difficile d'obtenir pour moins de 10 à 15,000 fr. Les matériaux répandus dans ces nombreux ouvrages et les objets inédits des collections seront coordonnés sous les yeux des étudians; enfin, l'on pourra nommer mon ouvrage la *Bibliothèque complète des Entomologistes.*

Tous mes dessins de genres seront faits d'après les espèces que l'on regarde comme en étant les types. Toutes les descriptions seront en latin et en français, afin que les naturalistes de tous les pays puissent les lire, et j'aurai soin de mentionner pour les genres ce que l'on sait de leurs mœurs, de leur anatomie, etc.

Je commencerai par la classe des insectes, la plus cultivée actuellement, et j'entreprendrai d'abord l'ordre des COLÉOPTÈRES (1). Le mode

(1) Les *Genres* de cet ordre me semblent un peu trop multipliés, par suite des nombreux travaux que l'on publie tous les jours. Cependant comme le nombre des coupes facilite les recherches, je ne ferai de réunion que lorsque les genres établis

de publication par monographies rendra l'ouvrage utile dès son commencement, puisque chaque monographie donnera aux souscripteurs le moyen de classer de suite le genre dont elle traite. Du reste, pour rendre cet avantage plus grand, je terminerai quelques familles de préférence à d'autres, en choisissant surtout celles sur lesquelles il n'a rien été publié depuis long-temps, telles que les familles des *Malacodermes*, des *Taxicornes*, des *Sténélytres*, des *Longicornes*, *Xylophages*, *Palpicornes*, *Vesicants*, *Helopiens*, etc. Quand j'aurai un peu avancé cette partie de l'ouvrage, je ferai paraître des monographies pour les autres classes ou ordres. Dans tous les cas, on pourra toujours souscrire séparément pour chaque classe, et même pour chaque ordre.

Conditions de la Souscription.

Chaque *Monographie*, composée d'une planche et du texte nécessaire, qu'il soit court ou étendu, sera payée 60 centimes (fig. color., 80 centimes).

Il paraîtra d'abord une livraison de quatre monographies tous les 15 jours.

Prix de chaque livraison, fig. noires : 2 fr. 40 c. (fig. coloriées : 3 fr. 20 c.)

Projet de Souscription.

Comme les souscriptions à des ouvrages de longue haleine sont tombées dans le discrédit parce que, le plus souvent, les auteurs comptant trop sur des abonnés, ont commencé des travaux utiles qu'ils n'ont pu continuer faute de rentrées suffisantes, j'ai pris la détermination de n'entreprendre le *Species et Genera des Animaux articulés* que lorsque je serai assuré d'un nombre de souscripteurs suffisant pour couvrir les frais matériels de cet ouvrage. Cette précaution est une garantie pour les souscripteurs autant que pour moi, parce que si j'ai la certitude de rentrer dans mes déboursés, rien ne pourra m'empêcher de continuer l'ouvrage, et les abonnés n'auront pas la crainte de le voir s'arrêter.

Si le *Species et Genera des Animaux articulés* s'adressait aux gens du monde, comme les ouvrages d'agrément ou purement littéraires, on pourrait compter sur 8 ou 10,000 souscripteurs et livrer l'ouvrage à un prix très-bas, en établissant que les frais ne seront couverts que lorsqu'on aura 3 ou 4,000 abonnés. Il n'en est pas ainsi pour un livre d'histoire naturelle spéciale, car on sait que tous les entomologistes de l'Europe, membres ou correspondans des sociétés de France, d'Angleterre et des autres états, forment à peine un personnel de 4 ou 500 naturalistes, ce qui rend les chances de vente d'un tel ouvrage très-limitées.

Pour engager les amis des sciences à m'aider dans cette grande et utile entreprise, j'offre aux 100 premiers souscripteurs (qui seront les *souscripteurs-fondateurs*) un avantage qui leur donne la certitude d'avoir leur exemplaire pour un prix très-minime, dans un temps peu éloigné, s'ils me font parvenir *de suite* leur adhésion aux conditions suivantes :

Les 100 souscripteurs-fondateurs payeront d'abord 60 centimes par *monographie*, composée d'une planche et du texte nécessaire.

Quand il y aura 200 souscripteurs, les 100 fondateurs ne payeront que 45 centimes par monographie.

Enfin, quand il y aura 300 souscripteurs, les 100 fondateurs ne payeront plus que 30 centimes par monographie, ou la moitié du prix.

Outre cet avantage pécuniaire, les fondateurs seuls auront le droit de m'en-

ne m'offriront pas de caractères tranchés, et je tâcherai de ne pas m'éloigner des limites indiquées par M. Dejean dans le *Species des Carabiques* de sa collection et même dans son catalogue.

voyer les insectes des genres dont je devrai publier la monographie, et que je m'engage à leur rendre *nommés* (1).

Les souscripteurs (fondateurs ou autres) qui désireront recevoir des exemplaires avec la figure du type de genre coloriée, payeront 20 centimes de plus par monographie.

Pour que chacun puisse toujours savoir où en est la souscription, le nom de chaque nouveau souscripteur sera inscrit tous les mois dans la *Revue Zoologique* de la *Société Cuvierienne* (2).

Le droit des souscripteurs-fondateurs sera personnel et constaté par un engagement signé de moi et écrit au bas d'un portrait de Latreille. Cet engagement portera le numéro d'ordre publié dans la *Revue Zoologique*. Un fondateur, ou un souscripteur ordinaire, ne sera censé avoir renoncé à son abonnement que lorsqu'il aura laissé écouler trois mois (ou six mois à l'étranger) sans payer sa souscription. Alors son numéro sera rayé, et il en sera fait mention dans la *Revue Zoologique*. Ces numéros ne seront pas comptés quand j'établirai le nombre réel de souscripteurs.

Je vais commencer à rédiger des monographies, tout en terminant les ouvrages que j'ai encore sur le chantier, afin d'avoir des matériaux à l'avance, et pour que les livraisons se succèdent régulièrement. Si j'ai reçu l'adhésion de 100 *souscripteurs fondateurs* d'ici au 31 décembre, je ferai paraître la première livraison (composée de quatre monographies) au commencement de 1842, et elles se succèderont tous les quinze jours. Si je commence avant que 100 souscripteurs soient inscrits, ceux qui s'abonneront après la publication de la première livraison ne seront pas *fondateurs*.

En conséquence, je prie Messieurs les entomologistes de m'adresser *promptement* (et franco) leur adhésion dans l'imprimé ci-joint.

Avis essentiel. Messieurs les souscripteurs devront faire retirer les livraisons chez moi (rue de Seine, 13), par leurs libraires ou correspondans. Ceux qui désireront les recevoir plus exactement et plus régulièrement par la poste, payeront 15 centimes de plus par livraison.

(1) Me trouvant à même de connaître et d'acquérir aussitôt leur arrivée, les insectes que l'on apporte journellement de toutes les parties du monde, je m'engage à avertir les fondateurs de l'arrivée des espèces qui pourraient les intéresser et de les acquérir pour leur compte, s'ils m'en donnent la mission. A cet effet, il paraîtra de temps en temps, avec les monographies, un quart de feuille imprimé contenant des catalogues avec les prix les plus modiques qu'il me sera possible d'obtenir. Les demandes non suivies de fonds seront considérées comme non-avenues. Le prix des ports de lettres devra toujours être ajouté à cet envoi de fonds, soit pour ces demandes d'Insectes, soit pour l'abonnement au *Species et Genera*.

(2) La Société Cuvierienne, association universelle pour l'avancement de la zoologie, etc., publie un journal mensuel, la *Revue Zoologique*, dans lequel on tient les zoologistes au courant des progrès de la science en leur donnant l'analyse des ouvrages qui paraissent, un résumé des travaux des sociétés savantes, et des notices inédites ou des descriptions d'animaux nouveaux de toutes les classes.

Chaque membre paye une cotisation annuelle de 18 fr. et reçoit un exemplaire de la *Revue zoologique*, composée de 32 pages chaque mois.

Quand le nombre des membres aura dépassé 250 (il est déjà de 233), chacun recevra une demi feuille de plus par mois; et chaque fois que 50 nouveaux membres seront inscrits, on augmentera la *Revue* d'une demi feuille, toujours sans augmentation de la cotisation, qui reste fixée à 18 fr. par an.

Pour se faire admettre dans la Société Cuvierienne, il suffit d'être présenté par un membre et d'écrire (*franco*) à M. *Guérin Méneville*, rue de Seine, 13, à Paris.

Paris, ce 31 juillet 1841.

Paris — Imprimerie de COSSON, rue Saint-Germain-des-Prés, 9.

38

MAGASIN

DE ZOOLOGIE

D'ANATOMIE COMPARÉE

ET

DE PALÆONTOLOGIE,

RECUEIL

DESTINÉ A FACILITER AUX ZOOLOGISTES DE TOUS LES PAYS LES MOYENS DE PUBLIER LEURS TRAVAUX, LES ESPÈCES NOUVELLES QU'ILS POSSÈDENT, ET A LES TENIR SURTOUT AU COURANT DES NOUVELLES DÉCOUVERTES ET DES PROGRÈS DE LA SCIENCE.

Par M. F.-E. Guérin-Méneville.

SECONDE SÉRIE.*

La zoologie et la palæontologie sont aujourd'hui si généralement cultivées, le champ de leurs travaux est si vaste et les découvertes faites par ceux qui s'en occupent si nombreuses et si importantes, que les recueils publiés dans tous les pays, afin de les enregistrer, suffisent à peine pour remplir convenablement cette tâche, surtout quand ils ne sont pas accompagnés de nombreuses figures.

Le Magasin de zoologie est le seul recueil en France qui atteigne complétement ce but, car il est le seul dont les volumes renferment un aussi grand nombre de planches, presque toutes sont coloriées. Une existence de huit années*; le concours des zoologistes les plus connus et les plus zélés de tous les pays, parmi lesquels nous nous bornerons à citer MM. *A. Desmarest*, *I. Geoffroy Saint-Hilaire*, *Th. Cocteau*, *Laurent*, *de Lafresnaye*, *d'Orbigny*, *Deshayes*, *Raag*, *Vanbeneden*, *Chevrolat*, *Lefebvre*, *Serville*, *Lepelletier de Saint-Fargeau*, *Westwood*, *Schiodte*, *Aubé*, *Gory*, etc.; enfin la citation journalière de ses riches matériaux dans la plupart des ouvrages de notre époque, rendent actuellement le Magasin de zoologie indispensable à tous les naturalistes qui veulent être au courant de la science.

Plan de l'ouvrage.

Le titre de ce recueil indique parfaitement quel est son plan; son but principal est de mettre en rapport les zoologistes de tous les pays et d'être le centre com-

* Ce Recueil a commencé de paraître en 1831. Les années 1831-1838 forment la première série, composée de 8 vol. ornés de 635 planches environ. (Voir le prospectus.)

mun où chacun d'eux sera certain de trouver les nouvelles les plus importantes de la science qu'il cultive et à l'aide duquel il pourra en suivre les progrès les plus récents. Dans ce recueil, chacun peut consigner ses travaux, publier ses découvertes et les faire connaître au monde savant. C'est une voie de publicité ouverte *gratuitement* à toutes les personnes qui s'occupent de zoologie; c'est un moyen puissant pour elles d'apparaître au grand jour et de sortir de l'oubli et de l'abandon dans lesquels les relèguent des éditeurs timides. Combien de jeunes et studieux savants qui n'ont besoin que d'une première publication pour être connus! Cette publicité, ils la trouveront dans le MAGASIN DE ZOOLOGIE, heureux si, par nos efforts constants, nous contribuons aux progrès de la science, et si des illustrations nouvelles apparaissent à l'aide de notre appui.

Les naturalistes qui désirent faire insérer des mémoires dans le MAGASIN DE ZOOLOGIE doivent les adresser, *franco*, à M. Guérin-Méneville, directeur du Magasin de zoologie, rue de Seine-Saint-Germain, 13, avec de bonnes figures ou avec les individus eux-mêmes, qui leur seront exactement renvoyés.

CHAQUE AUTEUR REÇOIT GRATIS CINQ EXEMPLAIRES DES MÉMOIRES QU'IL COMMUNIQUE, ET QUINZE QUAND IL FOURNIT LES DESSINS DES PLANCHES QUI DOIVENT LES ACCOMPAGNER.

Chaque planche ne contient qu'une seule espèce ou des espèces du même genre; elle porte le nom de la classe à laquelle elle appartient, et chaque classe porte un numéro d'ordre qui se suit sans interruption; le texte porte en tête de chaque page le nom de la classe et le même numéro d'ordre que la planche; de cette manière, chacun peut toujours classer les planches suivant la méthode qu'il préfère.

Conditions de l'abonnement.

Le MAGASIN DE ZOOLOGIE se publie par livraisons à des époques indéterminées; cependant il paraît exactement DOUZE LIVRAISONS chaque année.

Les douze livraisons réunies forment, chaque année, un fort volume in-8, imprimé sur beau papier et orné de SOIXANTE-DOUZE planches gravées et soigneusement coloriées. Ce volume est terminé par des tables méthodique et alphabétique afin de faciliter les recherches.

PRIX DE L'ABONNEMENT ANNUEL (douze livraisons). . . . . . . 36 fr.
PRIX DE L'ABONNEMENT ANNUEL (douze livraisons), par la poste. . . 42 fr.

Sections séparées.

Le MAGASIN DE ZOOLOGIE est divisé en TROIS SECTIONS auxquelles on peut souscrire séparément. Nous nous sommes décidés à cette division dans l'intérêt de la science, et afin que chacun puisse acquérir la section qui l'intéresse et dont il s'occupe de préférence.

L'abonnement à chacune des trois sections se fait pour 25 planches accompagnées de leur texte; le prix est fixé ainsi :

PREMIÈRE SECTION. Animaux vertébrés. . . .	16 fr.,	par la poste	18 fr.
DEUXIÈME SECTION. Animaux mollusques et zoophytes.	13 fr.,	»	15 fr.
TROISIÈME SECTION. Animaux articulés.	13 fr.,	»	15 fr.

On souscrit à Paris,

CHEZ ARTHUS BERTRAND, LIBRAIRE-ÉDITEUR,

LIBRAIRE DE LA SOCIÉTÉ DE GÉOGRAPHIE,

23, RUE HAUTEFEUILLE.

MAGASIN DE ZOOLOGIE.

Première Série. — Années 1831 à 1838.

Le MAGASIN DE ZOOLOGIE a commencé à paraître en 1831.

Les huit années 1831 à 1838 forment la première série de ce recueil, dont l'utilité est reconnue et garantie par cette longue existence. L'empressement que les savants et les zoologistes de tous les pays ont mis à l'enrichir de leurs mémoires et à y consigner leurs travaux en assure désormais la réussite. C'est un livre indispensable à toutes les personnes qui s'occupent de zoologie, tant à cause de l'importance que du nombre des mémoires qu'il renferme ; il est aujourd'hui le recueil à figures le plus considérable qui existe.

Cette première série, terminée par des tables méthodique et alphabétique, nécessaires pour la facilité des recherches, forme 8 volumes in-8, ornés de 635 planches environ gravées et soigneusement coloriées; prix. . . 250 fr.

On vend séparément :

Première année,	1831,	80 planches,	25 fr.,	par la poste,	28 fr.
Deuxième année,	1832,	100 planches,	36 fr.,	»	42 fr.
Troisième année,	1833,	95 planches,	36 fr.,	»	42 fr.
Quatrième année,	1834,	54 planches,	18 fr.,	»	21 fr.
Cinquième année,	1835,	76 planches,	36 fr.,	»	42 fr.
Sixième année,	1836,	83 planches,	36 fr.,	»	42 fr.
Septième année,	1837,	69 planches,	36 fr.,	»	42 fr.
Huitième année,	1838,	78 planches,	36 fr.,	»	42 fr.

PREMIÈRE SECTION.	Mammifères, 30 pl. Oiseaux, 86 pl. Reptiles, 16 pl. Poissons, 17 pl.	149 pl., 3 vol., par la poste,	99 fr. ; 108 fr.
DEUXIÈME SECTION.	Mollusques, 159 pl. Zoophytes, 3 pl.	162 pl., 3 vol. ½, par la poste,	77 fr. 50 c. ; 85 fr.
TROISIÈME SECTION.	Annélides, 1 pl. Crustacés, 27 pl. Arachnides, 18 pl. Insectes, 278 pl.	324 pl., 6 vol. ½, par la poste,	137 fr. 50 c. ; 150 fr.

Mémoires extraits de la première Série

QUI SE VENDENT AUSSI SÉPARÉMENT.

VOYAGE AUTOUR DU MONDE, exécuté sur la corvette de l'État LA FAVORITE, commandée par M. *Laplace*. ZOOLOGIE, par MM. *Eydoux*, *Laurent*, *Gervais et Guérin-Méneville*. Un beau volume, grand in-8, orné de 70 planches gravées et soigneusement coloriées; prix. . . . . 52 fr. 50 c.

ÉTUDES ZOOLOGIQUES, contenant l'histoire et la description d'un grand nombre d'animaux récemment découverts et des observations nouvelles sur plusieurs espèces déjà connues; par M. *I. Geoffroy Saint-Hilaire*. Cet ouvrage formera un volume grand in-8, accompagné de 40 planches et divisé en quatre fascicules. *Trois fascicules sont en vente*. Prix de chaque fascicule. . . . 7 fr. 50 c.

PSELAPHIORUM MONOGRAPHIA, auctore *C. Aubé;* 1 vol. in-8, avec 17 planches gravées au trait, contenant 61 espèces. . . . . 12 fr.

ESSAI D'UNE CLASSIFICATION de l'ordre des Hémiptères, par *D. L. Delaporte*, in-8, avec cinq planches. . . . . 5 fr.

MONOGRAPHIE DES TRACHYDÉRIDES, contenant la description complète du genre Trachydère et des genres voisins, avec les figures coloriées de toutes les espèces; par M. *Dupont* jeune. 1 beau vol. in-8, orné de 70 planches environ. Prix. . . . . 45 fr.

BULLETIN ZOOLOGIQUE, contenant l'analyse raisonnée des ouvrages les plus remarquables publiés sur la zoologie pendant l'année 1835. 1 vol. in-8. Prix. 10 fr.

SOCIÉTÉ CUVIERIENNE,

ASSOCIATION UNIVERSELLE POUR L'AVANCEMENT DE LA ZOOLOGIE, DE L'ANATOMIE COMPARÉE ET DE LA PALÆONTOLOGIE ET POUR LA PUBLICATION DE LA REVUE ZOOLOGIQUE SOUS LA DIRECTION DE M. F.-E. GUÉRIN-MÉNEVILLE.

Cette association scientifique et universelle a été fondée en 1838 pour publier la *Revue zoologique*, journal mensuel destiné à analyser les travaux qui se font journellement sur la zoologie et à faire prendre rapidement date des découvertes, en attendant que les zoologistes les aient consignées, avec des figures, dans le *Magasin de zoologie* ou dans d'autres ouvrages.

La cotisation annuelle est de 18 fr., entièrement consacrés à la publication de la *Revue zoologique*, dont chaque membre reçoit un exemplaire. M. Guérin-Méneville a calculé qu'il fallait 200 membres pour couvrir les frais de la Revue, composée de deux feuilles par mois. Dès que ces frais seront couverts et lorsque 50 nouveaux membres seront inscrits, le bénéfice que produiront leurs cotisations servira à augmenter le journal d'une demi-feuille par mois. Quand il y aura 50 nouveaux membres, le journal aura encore une demi-feuille de plus par mois, et ainsi de suite, toujours sans que la cotisation soit augmentée, en sorte que, lorsque le nombre des membres sera arrivé seulement à 500, chacun d'eux recevra par an deux volumes compactes de 60 feuilles (960 pages), contenant la matière de quatre volumes ordinaires, toujours pour la même cotisation de 18 fr. Une combinaison aussi désintéressée a été promptement appréciée des vrais amis de la science, et tous ceux qui en ont eu connaissance ont voulu s'associer à cette œuvre généreuse. L'existence de la société est donc actuellement assurée, car le nombre de ses membres suffit presque pour couvrir les frais, dont M. Guérin-Méneville a fait seul toutes les avances. On sait qu'à la tête des protecteurs de cette association figure S. A. R. Mgr. LE DUC D'ORLÉANS, qui ne laisse échapper aucune occasion d'encourager les entreprises utiles à la science et honorables pour le pays; parmi les autres fondateurs nous citerons encore S. A. R. le prince CHRISTIAN de Danemarck, le prince BONAPARTE; le prince MASSÉNA, duc de RIVOLI; M. le baron de HUMBOLDT, en Prusse; MM. SCHOENHERR, GYLLENHALL, etc., en Suède; MM. FISCHER DE WALDHEIM, le comte de MANNERHEIM, BRANDT, etc., en Russie; MM. BUCKLAND, HOPE, WESTWOOD, etc., en Angleterre; MM. MARAVIGNA, le marquis de SPINOLA, etc., en Italie; MM. TEMMINCK, SCHELGEL, VANDER-HOEVEN, etc., en Hollande; MM. POEY, le comte de LA FERNANDINA, etc., à Cuba; M. PAULINIER, au Sénégal; M. J. DESJARDINS, à l'île Maurice, etc., etc.

Pour se faire admettre dans la SOCIÉTÉ CUVIERIENNE, il suffit d'être présenté par un membre et d'écrire, *franco*, à M. GUÉRIN-MÉNEVILLE, rue de Seine-Saint-Germain, 13, en envoyant le montant de la cotisation.

IMPRIMERIE DE L. BOUCHARD-HUZARD, RUE DE L'ÉPERON, 7.

www.ingramcontent.com/pod-product-compliance
Ingram Content Group UK Ltd.
Pitfield, Milton Keynes, MK11 3LW, UK
UKHW021943260726
13994UKWH00004B/1502

9 782329 459868